PROJETS

D'ARCHITECTURE,

POUR

LES EMBELLISSEMENTS

DE PARIS.

Par M.-A. CARÊME.

A PARIS,

Chez { L'AUTEUR, rue Caumartin, n° 20.
{ FIRMIN DIDOT père et fils, libraires, rue Jacob, n° 24;

DE L'IMPRIMERIE DE FIRMIN DIDOT.

1821.

PROJETS D'ARCHITECTURE

DESTINÉS

AUX EMBELLISSEMENTS DE PARIS.

*Achèvement de l'Arc de triomphe de l'Étoile, dédié au Commerce,
aux Beaux-Arts;*
*Grand Temple de la Gloire, et colonne consacrée aux fastes de la
Nation Française, projetés pour la place du Carrousel, afin de
faire disparaître l'irrégularité de la réunion du palais des Tuileries à celui du Louvre.*

AVANT-PROPOS.

Ce n'est pas sans crainte que je me suis décidé à publier
ces recueils de dessins; je les soumets aux connaisseurs, non
comme architecte, mais simplement comme amateur d'architecture. Les professeurs trouveront, sans doute, des inexactitu-
des dans l'ordonnance de ces Projets; je me résigne d'avance
à leur critique, quelque sévère qu'elle soit; j'aurai pour con-
solation la pensée d'avoir fait à mon pays l'hommage de monuments vraiment français. Le domaine des arts libéraux n'appar-
tenant à personne exclusivement, j'ai pensé qu'il m'était per-
mis, comme à tous ceux qui en ressentent la douce influence,
de m'y livrer dans mes moments de loisir; heureux de trouver
dans l'étude le délassement de mes travaux, et des consolations
dans le malheur.

2

Cependant je crains de paraître téméraire en donnant quelques développements à mes idées. Mes Projets paraîtront, sans doute, d'une dimension colossale ; mais, frappé d'admiration pour les grands monuments de l'Égypte, de la Grèce et de l'Italie, je n'ai pu résister à cet enthousiasme que produit l'aspect du vrai beau. En effet, rien n'est plus imposant que l'architecture d'un grand caractère. Par ses masses, elle frappe tous les hommes ; le voyageur étonné se sent pénétré de respect et d'admiration à la vue d'un grand édifice qui atteste le génie et la splendeur d'un peuple civilisé.

Cette incontestable vérité m'inspira le goût de l'architecture ; et, ne pouvant résister à mon amour pour ce bel art, j'éprouve un charme indicible lorsque mon imagination me suggère de nouveaux Projets. Puisse-t-on voir dans le recueil que j'offre au public, le desir bien prononcé que j'ai d'offrir aux artistes quelques idées dignes de leur attention! J'espère, dans les livraisons qui suivront celles-ci, me rendre digne de cette tâche.

DESCRIPTION DU PREMIER PROJET.

Achèvement de l'Arc de triomphe de l'Étoile, dédié au Commerce, aux Beaux-Arts.

Les deux arcs élevés, dont la construction existe déjà, resteraient séparés, tels qu'on les voit en ce moment, afin de conserver à découvert cette belle perspective, depuis les Tuileries, les Champs-Élysées, jusqu'au pont de Neuilly. L'arc à gauche du spectateur, vu des Tuileries, est consacré au Commerce. J'ai placé sur son piédestal trois statues représentant l'Industrie, le Commerce et l'Agriculture. Le trophée qui s'élève du milieu de ces figures se compose d'attributs relatifs au Commerce. Le trophée du côté de Neuilly serait consacré à la Géographie, à la Navigation et à la Chimie. Au-dessus du premier trophée, on distingue un grand bas-relief représentant l'Entrée de S. M. Louis XVIII dans sa capitale : les magistrats présentent leur hommage au Souverain tant desiré. Le fleuve de la Seine caractérise ce bas-relief. Dans la frise de l'entablement, on lit cette légende:

A SA MAJESTÉ LOUIS XVIII, LE COMMERCE RECONNAISSANT. 1821.

L'attique serait décoré d'inscriptions consacrées aux fastes de la Nation. L'Abondance personnifiée couronne ce monument. Cette statue colossale est dans un char conduit par quatre chevaux.

Élévation générale de ce monument, 148 pieds.

L'arc consacré aux Beaux-Arts se trouve couronné par un char que monte le dieu de la lumière; quatre chevaux ailés en sont les coursiers. Sur la frise de l'entablement on lit cette légende :

A SA MAJESTÉ LOUIS XVIII, LES BEAUX-ARTS RECONNAISSANTS. 1821.

Le bas-relief de cet arc représente l'éducation de notre nouveau HENRI-DIEUDONNÉ. Le jeune prince s'appuie sur la France, qui l'instruit par le récit des hauts faits de ses immortels aïeux. On y distingue la déesse de la Sagesse, la muse de l'Histoire, et les Beaux-Arts s'empressant de retracer l'heureuse époque de la naissance du jeune enfant sur lequel reposent les destinées de la France.

Sur le piédestal de cet arc, on distingue un trophée consacré aux beaux-Arts; l'Architecture, la Peinture, et la Sculpture, en font l'ornement. A droite et à gauche du trophée sont des couronnes et des inscriptions consacrées aux grands hommes qui ont illustré la France dans les Sciences et dans les Beaux-Arts. La façade des deux arcs serait décorée, sur les piédestaux, de quatre trophées de toutes armes, pour caractériser l'art de la guerre; quatre génies y sont ajustés: l'Amour de la patrie, la Force, la Prudence, et la Clémence. Entre ces deux grands monuments, sur les pieds-droits, seraient des couronnes de chêne et de laurier, dans lesquelles on placerait les noms de nos grands capitaines de terre et de mer. Les bas-reliefs, dont je ne donne pas les détails, seraient consacrés

3

aux fastes de notre histoire. Le trophée du côté de Neuilly représenterait la Poésie, l'Histoire, et la Musique.

Pour mon Projet, je regrette beaucoup que les deux monuments élevés ne soient pas éloignés de cent pieds l'un de l'autre ; il serait alors d'un tout autre caractère. Cependant, par leur élévation et leur ensemble, l'effet en serait imposant, étant vu du palais des Tuileries, dont l'admirable perspective est unique dans le monde.

Mais si ce Projet paraît inexécutable, pourquoi ne pas achever ce monument dans tous ses détails, tels que nous les a présentés M. Chalgrin, architecte, en le consacrant aux fastes de la Nation Française, depuis le règne de Clovis jusqu'à celui de S. M. Louis XVIII ? Les façades de Paris et de Neuilly seraient décorées, sur leurs piédestaux, de quatre grands trophées à la Navigation, à l'Agriculture, au Commerce et aux Beaux-Arts. Les trophées du côté des boulevards se composeraient de nos armes nationales, depuis le commencement de la monarchie jusqu'à nos jours. Les génies de l'Amour de la patrie, de la Force, de la Prudence et de la Clémence, y seraient également placés. Les huit bas-reliefs représenteraient les époques mémorables des règnes de nos souverains qui ont le plus contribué à la prospérité du royaume. Voilà, ce me semble, un motif digne de mon siècle et de ma patrie.

La deuxième planche représente, vu du côté du boulevard, l'arc consacré aux Beaux-Arts. Le sujet du bas-relief représente le Passage du Rhin par Louis XIV. Le génie de l'Amour de la patrie et celui de la Force décorent les deux trophées.

Je sais que les détails de mon Projet paraîtront un peu hasardés aux architectes ; mais, ainsi finis, ces deux monuments présenteraient un caractère vraiment national, et seraient uniques par leur élévation.

SECOND PROJET,

Destiné pour la place du Carrousel.

Grand Temple de la Gloire, consacré aux fastes de la Nation Française.

Le pied du monument est orné de deux vastes bassins : quarante-huit têtes de lions y forment une fontaine jaillissante. Au-dessus s'élèvent douze trophées composés de toutes les armes nationales, depuis le commencement de la monarchie jusqu'à nos jours. La grande diversité de toutes ces armes serait d'un bel effet en sculpture. Entre les piédestaux de ces trophées, on distingue douze grands bas-reliefs en marbre, de 10 pieds de hauteur sur 15 de largeur. Ils seraient consacrés à transmettre aux générations futures les hauts faits de Clovis, fondateur de la monarchie chrétienne ; de Charlemagne ; St-Louis ; Louis XII ; François Ier ; Henri IV ; Louis XIII ; Louis XIV ; Louis XV ; Louis XVI ; Louis XVIII, et la naissance de Henri V. Le dé des piédestaux des trophées serait orné de tables de marbre sur lesquelles seraient inscrits en lettres d'or les noms de nos premiers capitaines et leurs batailles les plus mémorables ; tels que Duguesclin — *Cocherel, Montiel* ; Dunois — *Formigny, Castillon* ; Gaston de Foix — *Ravenne* ; Bayard — *Marignan, Mézières* ; Louis de la Trimouille — *Saint-Aubin, Agnadel* ; Crillon — *Dreux, Jarnac, Quillebœuf* ; Lesdiguières — *Piémont, Espagne* ; Fabert — *Mayence, Sienay* ; Turenne — *Nordlingue, Turkeim* ; Condé — *Rocroy, Sénef* ; Duquesne, chef d'escadre ; Luxembourg — *Fleurus, Nerwinde* ; Tourville, vice-amiral de France ; Jean-Bart, chef d'escadre ; Catinat — *Staffarde, La Marsaille* ; Vauban ; Vendôme — *Barcelonne, Villa-Viciosa* ; Villars — *Hochstet, Denain* ; Dugay-Trouin, chef d'escadre ; Maurice de Saxe — *Prague, Lawfelt* ; Noailles — *Catalogne, Italie* ; Richelieu — *Fontenoy, Hanovre* ; Suffren, chef d'escadre ; La-motte-Piquet, chef d'escadre ; etc.

Au-dessus de ces grands trophées s'élèveraient des écussons surmontés de couronnes murales et des armes de la garde nationale parisienne ; voulant, par cette réunion, transmettre à la postérité les services militaires que les douze légions ont rendus à la France en conservant la tranquillité dans la capitale, au milieu de nos dissensions politiques. Les noms des chefs de légion seraient sur les écussons, ainsi que cette légende :

FIDÉLITÉ. DÉVOUEMENT.

Au-dessous de ces trophées seraient encore inscrits les noms de toutes les villes de France dont les gardes nationales ont contribué noblement à la tranquillité du royaume.

Deux statues occupent le milieu du Temple de la Gloire : la France, tenant le symbole du gouvernement de nos rois et de l'abondance, s'appuie sur elle ; Minerve, protectrice des Sciences et des Beaux-Arts. Entre les colonnes sont placées huit statues : la Justice, la Religion, l'Agriculture, le Commerce, l'Architecture, la Peinture, la Poésie et la Musique. Sur le dé du piédestal du temple, et au-dessous de chacune des statues, seraient inscrits les noms des grands hommes qui ont illustré la France. Pour la Magistrature : l'abbé Suger, L'Hôpital, Richelieu, Mazarin, Lamoignon, Daguesseau, Montesquieu ; pour la Religion : St-Vincent de Paule, Mascarou, Bossuet, Bourdalone, Fléchier, Fénélon, Massillon, l'abbé de l'Épée ; pour le Commerce : Sully, Richelieu, Mazarin, Colbert, Turgot ; pour l'Architecture : Lescot, Bullant, Delorme, Landrier, Perrault, Mansard, Blondel ; pour la Peinture et la Sculpture : Jean Cousin, Le Sueur, Le Poussin, Le Brun, Vien, Jean Goujon, Pujet, Girardon, Coysevox, Pigalle, Anguier, Sarrazin, Lepaultre, Bouchardon, Desjardins ; pour la Musique : Lulli, Rameau, Philidor, Daleyrac, Grétry ; pour la Poésie : Malherbe, Molière, Pierre Corneille, Lafontaine, Racine, Despréaux, J.-B. Rousseau, Voltaire.

Le génie de l'Amour de la patrie couronne ce monument. Par ce Génie, j'ai voulu représenter le plus noble de tous les sentiments de l'homme. En effet, le magistrat, le guerrier, le savant, le poëte, l'artiste, tous sont mus par cette noble ambition qui leur fait illustrer et leur siècle et leur pays.

Les iconologistes représentent l'Amour de la patrie sous les traits d'un jeune guerrier, tenant la double couronne. Ne pourrait-on pas donner à ce Génie

plus de caractère, en lui ajustant un bouclier, comme je l'ai fait à celui-ci ?
N'exprimerait-on pas mieux par là que ce beau sentiment est à l'abri de toutes les atteintes de l'envie et de la corruption ? en sorte que, par le placement des armes au bouclier, chaque nation trouverait le moyen de s'approprier, de rendre national, ce Génie, en lui-même celui de tous les peuples.

Élévation : 220 pieds ; diamètre : 180.

TROISIÈME PROJET.

Grande Colonne dédiée aux Fastes de la Nation Française.

Le pied de ce monument colossal serait décoré de quatre grands trophées.

Ier trophée. Je le consacre à l'art de la Guerre. Deux génies y sont placés : l'Amour de la patrie et la Victoire.

IIe trophée : à la Navigation. La statue de la Navigation et celle de la Géographie le caractérisent.

IIIe trophée : au Commerce. Il se composerait de tous les attributs de l'Industrie et de l'Agriculture. On y verrait personnifiés le Commerce et l'Abondance.

IVe trophée : aux Beaux-Arts et aux Sciences. Apollon et le génie de l'Étude y seraient ajustés.

Entre ces trophées sont placées quatre statues assises : la première représente la France appuyée sur le sceptre royal. Viennent ensuite l'Agriculture, la Religion et la Justice. Sur le dé du piédestal de chacune de ces statues, en conservant les analogies convenables, seraient inscrits les noms des grands hommes qui ont illustré la France.

Entre les piédestaux des trophées et des quatre statues, seraient huit grands bas-reliefs (hauteur, 14 pieds, sur 22 pieds de largeur,) consacrés à éterniser les actions mémorables de nos grands rois.

Le bas-relief, à gauche du spectateur, vu du côté des Tuileries, représenterait l'Entrée de S. M. Louis XVIII dans Paris ; les magistrats présentent au descendant de Saint-Louis l'hommage de leur dévouement et de leur amour.

Le deuxième bas-relief représenterait la France instruisant le jeune Henri par le récit des faits mémorables de ses aïeux. La déesse de la Sagesse et les Beaux-Arts personnifiés y président.

Des lions, symbole de la Force et de la Clémence, décorent la base du piédestal des trophées, et en forment quatre fontaines bien distinctes. Entre ces fontaines jaillissantes se trouve la porte d'entrée conduisant dans le fût de la colonne ; elle se trouve entourée de couronnes de chêne dans lesquelles seraient inscrits les noms des bonnes villes du royaume.

Sur le dé du piédestal élevé à l'art de la guerre, seraient placés en lettres d'or les noms et les victoires des grands capitaines dont la France s'enorgueillit. Le dé du piédestal du trophée érigé à la Navigation serait orné des noms et des actions de nos marins célèbres.

Le piédestal du trophée consacré au Commerce serait décoré des noms des grands hommes qui l'ont rendu florissant.

Le trophée des Sciences et des Arts serait orné du nom des grands hommes qui ont illustré la France par leurs immortels chefs-d'œuvre. Poésie et Littérature—Malherbe, Voiture, Pascal, P. Corneille, Molière, Lafontaine, Labruyère, Racine, Despréaux, Vertot, J.-B. Rousseau, Voltaire, J.-J. Rousseau, Helvétius, Condorcet, Diderot, Marmontel, Laharpe, Delille. Sciences et Beaux-Arts—Descartes, Tournefort, Fontenelle, Réaumur, Clairault, D'Alembert, Buffon, Lalande. Musique—Lulli, Rameau, Philidor, Dalayrac, Grétry. Architecture—Lescot, Bullant, Delorme, Laudrier, Perrault, Mansard, Blondel. Sculpture—Jean Goujon, Pujet, Girardon, Coysevox, Pigalle, Desjardins, Anguier, Lepoultre, Bouchardon. Peinture—Jean Cousin, Le Sueur, Le Poussin, Le Brun, Greuze, Vien.

Quatre inscriptions décorent le dé du piédestal de la colonne.

Première inscription :

S. M. LOUIS XVIII A FAIT ÉRIGER CE MONUMENT AUX FASTES DE LA NATION FRANÇAISE. 1821.

Deuxième inscription :

A LA MÉMOIRE DES GRANDS HOMMES QUI ONT ILLUSTRÉ LA FRANCE.

Troisième inscription :

LES SCIENCES, LES BEAUX-ARTS FONT L'ORNEMENT DES TRÔNES ET LA GLOIRE DES NATIONS.

Quatrième inscription :

LA PAIX, L'AGRICULTURE, LA NAVIGATION ET LE COMMERCE FONT LA RICHESSE DES EMPIRES.

La base de la colonne est décorée de quatre trophées composés des armes de la garde nationale parisienne, afin de transmettre aux siècles à venir les services militaires que les douze légions ont rendus à la France, en sauvant la capitale de la fureur des partis, pendant nos dissensions politiques.

Pour couronnement de cet édifice national, l'Immortalité présente la double couronne au-dessus des trophées, hommage rendu par la patrie reconnaissante aux grands hommes qui l'ont illustrée. (Élévation, 260 pieds; largeur, 180.)

J'ai placé autour des bassins, pour appui, des ouvrages de serrurerie, afin de donner plus de grace à la chute des eaux. Je sais que ce genre d'ornement n'a pas encore été employé par les professeurs; mais cette idée est susceptible de perfectionnement et ferait valoir le beau talent de nos serruriers modernes.

Je laisse au lecteur à décider si j'ai rempli mon but, comme amateur d'Architecture. L'analyse qui précède suffira pour fixer son jugement. Pour qu'il connaisse au juste les motifs qui m'ont déterminé à publier cet essai, je vais lui soumettre les détails de deux projets qui, présentés en 1807 à M. Fontaine.

alors architecte du gouvernement, me valurent, de la part de cet estimable artiste, les encouragements les plus flatteurs, et pour lesquels je saisis avec empressement l'occasion de lui offrir un hommage public de reconnaissance.

J'avais dessiné et lavé sur des châssis, comme le font les élèves de l'académie, un projet pour l'achèvement du pont de Louis XVI, et un autre d'un arc de triomphe dédié à la gloire de nos armées. Après avoir dessiné d'après nature le pont que je viens de citer, je le considérai sous tous ses points de vue, et je n'approuvai pas son achèvement avec les pyramides, telles que M. Perronnet les avait projetées. Je pensai qu'il convenait mieux de le rendre monument national, en plaçant sur les seize piles les statues des seize maréchaux de France. Alors je lui donnai le nom de *Pont de l'Honneur.*

Ces statues, de 8 pieds de hauteur, s'appuyaient chacune sur un bouclier, au milieu duquel se trouvaient inscrites leurs victoires et campagnes mémorables. Derrière chaque personnage s'élevait un trophée de nos armes, groupé autour de l'arbre génial, dont les palmes couronnaient et nos armes et les grands hommes qui les ont illustrées.

J'avais ainsi conçu chaque groupe afin de produire un double effet de décoration; car, en traversant le pont, on voyait nos guerriers et leurs trophées, tandis qu'en venant des Tuileries ou des Invalides, on ne rencontrait plus que des trophées élégants, puisque je leur avais donné, en y comprenant le piédestal, 36 pieds, hauteur que M. Perronnet avait donnée à ses Pyramides.

Ce dessin avait 4 pieds de longueur; mais voulant donner plus de développement à mes trophées, j'en dessinai deux de 20 pouces de hauteur; l'un était vu de face et l'autre de profil, avec la coupe du parapet et de la pile en saillie sur la Seine.

Mon arc de triomphe se trouvait dans de grandes dimensions. Le plan formait la croix grecque. Quatre colonnes de 3 pieds de diamètre et de l'ordre corinthien, décoraient chaque façade. Entre chacune de ces colonnes se trouvait la statue de l'un de nos grands généraux morts au champ d'honneur; des inscriptions rappelaient ses grands travaux.

Les Beaux-Arts personnifiés couronnaient les seize colonnes. Un second attique s'élevait du milieu du monument en formant un piédestal sur lequel je plaçais un char attelé de huit coursiers et monté par la France que couronnait le génie de la Victoire. Dans l'intérieur de l'arc, j'avais coupé les quatre angles des pieds-droits afin d'obtenir un octogone. Alors, à ces quatre pans coupés, j'avais placé les statues des quatre parties du monde; leur réunion me semblant exprimer que nos exploits étaient connus de toute la terre.

Un dôme à-peine cintré occupait le milieu des quatre arcades. Je l'avais décoré de huit archivoltes couronnant les trophées de nos armes, où se trouvaient réunis les noms de nos armées.

Quelque temps après ma visite à M. Fontaine, je dessinai le projet d'une colonne triomphale que je présentai à M. Durand, par le désir que j'avais de connaître l'auteur du bel ouvrage intitulé : *Parallèle des monuments antiques et modernes.* Ce célèbre professeur me dit les choses les plus obligeantes sur mon esquisse, en m'encourageant à m'occuper d'architecture comme amateur.

Lorsque l'on décida l'achèvement du pont de Louis XVI, par le placement sur les piles des généraux morts aux armées, j'éprouvai une véritable satisfaction en voyant une analogie frappante entre ce projet et celui que j'avais conçu. Je fis alors la réflexion que l'on pourrait ajouter encore à cet embellissement, en décorant la place Louis XV de trophées consacrés à nos victoires, et dont les huit pavillons eussent servi de piédestaux. Pour donner la vie à cette place, le soir si déserte, j'aurais destiné chaque pavillon à servir de corps-de-garde à un piquet de chacun des corps qui se seraient le plus distingués dans l'affaire dont le trophée eût retracé l'époque. Cette réunion de vieux soldats, par la diversité de leurs uniformes, eût parfaitement caractérisé la grande Nation guerrière, en reproduisant une partie des uniformes des beaux corps d'élite de l'armée.

Enfin, pour compléter la magnificence de cette place, unique dans le monde, j'eusse voulu ajouter quatre fontaines sur l'emplacement qu'occupent aujourd'hui les gazons. Les bassins auraient eu 24 pieds de diamètre (élévation, 38 pieds).

J'avais, ainsi qu'il suit, conçu ces quatre fontaines, pour leur imprimer un caractère remarquable.

La première, à la droite du spectateur en sortant des Tuileries, eût reçu pour ornement les quatre parties du monde, avec leurs attributions caractéristiques. L'Éternel, un foudre à la main, eût couronné ce groupe imposant.

Sur la deuxième, en suivant la droite du spectateur, la Nature eût couronné les quatre saisons personnifiées. La pl. V représente ce sujet.

Sur la troisième, l'Immortalité eût couronné les quatre rois les plus aimés des peuples.

Et, pour décoration de la quatrième, Apollon aurait couronné les quatre plus grands poëtes connus.

Cet ensemble de construction, entouré du jardin des Tuileries, de la colonnade de la Marine, des Champs-Élysées et du palais de la Chambre des députés, eût produit un ensemble unique sur la terre.

D'après ces divers exposés, il est facile de voir que j'ai toujours désiré que Paris reçût les embellissements dont il est encore susceptible.

A cet effet j'ai souvent arrêté mes méditations sur ce qui manque de monuments publics à la capitale; et depuis mes voyages en Angleterre, en Allemagne, en Russie, je regrette encore plus que nous n'ayons pas une salle d'opéra digne de la Nation, lorsque l'ensemble des représentations de ce grand théâtre offre à l'admiration publique ce qu'il y a de plus parfait et de plus beau dans toute l'Europe. Pénétré de cette importante vérité, j'ai pensé que notre salle d'opéra devenait l'un des premiers monuments de Paris. En conséquence, je puis, à ce sujet, donner quelques détails sur la construction d'un monument national. Depuis le funeste malheur qui a décidé le déplacement de l'Opéra, l'on a parlé dans le public de prendre, à cet effet, l'emplacement du terrain de Frascati. Ce lieu m'a paru assez convenable sous plus d'un rapport.

Le boulevard, la rue de Richelieu, celle St-Marc et la rue Vivienne, offriraient de grandes ressources pour la circulation des voitures; et cet emplacement me paraît d'autant plus convenable qu'il se trouve au centre du quartier le plus fréquenté et le plus opulent de Paris. J'ai donc calculé que ce terrain pouvait avoir 420 pieds sur la longueur de la rue de Richelieu, et 300 sur sa largeur, dans le sens des boulevards. Ce terrain me paraît assez vaste pour y construire trois monuments vraiment français, dont je vais donner les détails.

La salle d'opéra occuperait le milieu; l'entrée principale donnerait sur la rue de Richelieu, de même qu'une grande façade s'élèverait sur la rue Vivienne, afin d'être en parallèle avec le beau palais de la Bourse.

Ce monument serait séparé par deux vastes rues de deux colonnades de 300 pieds de longueur, destinées à servir de jardin d'hiver ou d'orangerie royale; et, durant la belle saison, ces deux monuments, débarrassés de leurs châssis et des caisses des orangers, qui seraient replacées dans le jardin des Tuileries, donneraient deux vastes galeries alors consacrées à recevoir l'exposition des produits de l'industrie nationale. Ce serait là un monument que nous n'avons pas. Ces deux colonnades en portiques seraient d'une grande beauté, se trouvant occupées par les chefs-d'œuvre de nos arts et métiers. Chaque année, à la même époque, on pourrait renouveler cette exposition. Alors nous aurions une foire annuelle, ce qui manque à la capitale.

Ces deux monuments auraient encore l'avantage de servir pour des banquets militaires ou civils, et de salles de bal dans ces jours solennels où toute la France célèbre la fête de ses rois.

J'espère, avec le temps, publier de nouveaux essais, et je fais des vœux bien sincères pour voir s'élever quelques monuments qui honorent ma patrie.

Je dois des remercîments à mademoiselle Ribaut, élève de M. Lafitte, qui a dessiné mes esquisses avec beaucoup de soin et d'exactitude, de même qu'à M. Normand fils, pour la gravure.

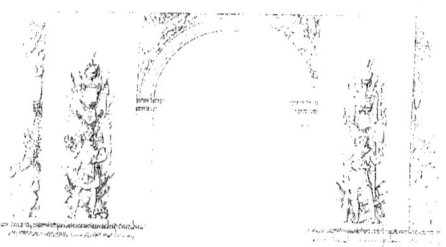

Arc de Triomphe de l'Étoile

Grand Temple de la Gloire consacré aux fastes de la nation française.
(1er Projet)

Colonne dédiée aux fastes de la nation française.

18.º Projet.

Fontaine des quatre Saisons.

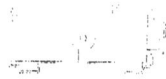

1.er Projet

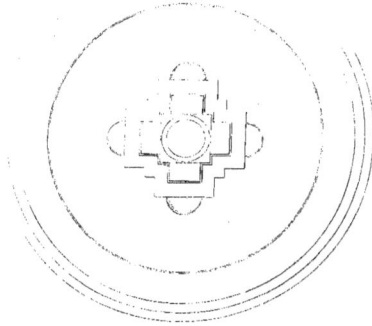

4.e Projet

2.e Projet

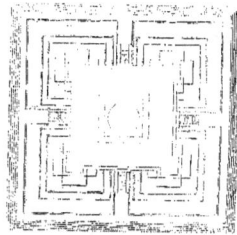

3.e Projet